Henri Blerzy

L'Assainissement des villes et des fabriques

Étude

 Le code de la propriété intellectuelle du 1er juillet 1992 interdit en effet expressément la photocopie à usage collectif sans autorisation des ayants droit. Or, cette pratique s'est généralisée dans les établissements d'enseignement supérieur, provoquant une baisse brutale des achats de livres et de revues, au point que la possibilité même pour les auteurs de créer des œuvres nouvelles et de les faire éditer correctement est aujourd'hui menacée. En application de la loi du 11 mars 1957, il est interdit de reproduire intégralement ou partiellement le présent ouvrage, sur quelque support que ce soir, sans autorisation de l'Éditeur ou du Centre Français d'Exploitation du Droit de Copie , 20, rue Grands Augustins, 75006 Paris.

ISBN : 978-1976541216

10 9 8 7 6 5 4 3 2 1

Henri Blerzy

L'Assainissement des villes et des fabriques

Étude

Table de Matières

Introduction	6
Section I	10
Section II	19
Section III	29

Introduction

Si l'on voulait apprécier par quelque chose de palpable les progrès du bien-être populaire et les bienfaits qu'une civilisation avancée répand sur les masses, c'est peut-être aux applications des principes de l'hygiène qu'il en faudrait demander la mesure. L'hygiène publique, aussi vieille que l'humanité, n'est devenue cependant une science certaine qu'à une époque très récente. Les anciens législateurs du peuple juif, de la Grèce et de Rome ne donnèrent une base solide aux prescriptions sanitaires, dont ils avaient deviné l'importance, qu'en les unissant par un lien intime aux croyances religieuses. On disait au XVIIIe siècle que la propreté n'est qu'une vertu, ce qui signifiait sans doute qu'on la jugeait peu digne de la sollicitude des gouvernements. De nos jours, l'observation des mesures de salubrité est un acte de convenance personnelle ou un devoir public suivant l'intérêt qui se trouve en jeu. Ce qui n'affecte que l'individu est abandonné au libre arbitre de chacun ; à peine l'état intervient-il en des circonstances graves, telles qu'une épidémie, et encore il n'agit alors qu'à titre officieux et par voie de persuasion. Au contraire, ce qui est susceptible d'influer sur la santé de tous est devenu l'un des soucis les plus graves de l'autorité. La tendance qu'ont aujourd'hui les hommes à se déplacer au profit exclusif des grandes villes, le développement immense de l'industrie, qui traite comme une matière inerte les substances les plus nuisibles dont se compose l'écorce de notre planète, en aggravant les sujets d'infection propres à toute agglomération humaine, ont créé le devoir de protéger la population contre des causes multiples d'insalubrité. De là tout un système de règlements préventifs ou répressifs, tantôt anodins, tantôt sévères, suivant que l'on craint d'entraver l'industrie et la liberté des citoyens, ou que l'on se laisse effrayer par des accidents épidémiques. Toutefois l'essence même de cette législation est de devenir de plus en plus rigoureuse. Tout y convie : le raffinement des mœurs, qui ne supporte plus qu'avec peine ce qui blesse les sens de la vue et de l'odorat ; les études médicales, en assignant à l'oubli des précautions hygiéniques une part très large dans le développement des maladies ; les progrès même de l'industrie, qui se perfectionne en s'assainissant et apprend à mettre en œuvre les résidus les plus abjects. Lorsque

Henri Blerzy

les médecins eurent démontré par des statistiques sérieuses que le choléra s'abat de préférence sur les quartiers humides et fangeux des grandes villes, les administrateurs, soutenus par l'opinion publique, se sentirent le courage de nettoyer, purifier et aérer au prix de coûteux travaux les rues qu'habite la population pauvre. Il n'est pas jusqu'aux embellissements de luxe en certaines parties de la cité qui n'aient, par voie de contraste, imposé comme un plus rigoureux devoir la recherche de conditions hygiéniques meilleures.

Il est à regretter sans doute que ces travaux n'aient pas toujours été exécutés avec une entente parfaite de ce quel réclame la salubrité. Parfois aussi les travaux d'apparat ont eu le pas sur ceux qui sont simplement utiles. On n'a guère le droit de s'en plaindre, car l'hygiène industrielle et municipale est une science de date si récente qu'il est permis aux administrations les plus éclairées de n'en pas connaître les vrais principes. Afin de répandre la lumière sur cet important sujets le ministre de l'agriculture, du commerce et des travaux publics, sur l'avis du comité consultatif des arts et manufactures, a chargé un ingénieur des mines, M. de Freycinet, d'étudier tant en France qu'à l'étranger les améliorations relatives à la salubrité des fabriques et des villes ; nous allons essayer d'exposer l'état actuel de la question d'après les savants rapports qui résument les résultats de cette mission.

C'est une étude dont il n'est pas besoin de démontrer l'utilité, car on ne manque pas d'occasions, sans aller loin, d'apercevoir bien des choses qui choquent la vue et l'odorat, et révèlent par cela même la funeste influence qu'elles ont sur la santé publique. Tout le monde a lu les descriptions qui représentent Paris au siècle dernier avec les horreurs de sa voirie : un charnier infect au centre de la ville, des eaux croupissantes dans les ruisseaux, des amas d'immondices au milieu des rues. Il n'est même point besoin de remonter si loin dans le passé. Que de villes de province, — et ce ne sont pas les moins importantes, — où les règles de la propreté la plus vulgaire ne sont pas observées ! Veut-on voir pis encore, que l'on passe les frontières ; chaque peuple révélera par l'état de sa voirie le véritable rang auquel il a droit en fait de civilisation, Le dernier degré sous ce rapport, nous le trouverons chez les peuples à allures indépendantes et nomades qui paraissent ignorer la vie municipale. Les tribus sauvages de l'Océanie amoncellent autour de leur campement provisoire avec une coupable insouciance les infimes rebuts de leur nourriture et les déjections de leur existence quotidienne. Les Arabes, plus avancés à d'autres égards, ne sont pas moins imprévoyants. L'agglomération de pèlerins qui se forme chaque année autour de La Mecque a été signalée comme l'une des causes premières d'un redoutable fléau, le choléra, qui ravage ensuite de proche en proche toutes les contrées de l'univers.

En France, la police sanitaire, quoique encore imparfaite, plus par la faute des individus que par celle de l'autorité, remonte déjà loin. Le moyen âge eut ses léproseries ouvertes aux individus atteints par les maladies contagieuses que le grand mouvement des croisades répandit sur l'Europe ; mais cette institution n'avait nul effet préventif. Il faut en venir à la seconde moitié du XVIIe siècle pour trouver le premier exemple d'une consultation de médecins à propos d'une question de salubrité. A partir de ce moment, le domaine, soumis à la surveillance sanitaire, s'élargit graduellement jusqu'à la création, en 1802, des comités d'hygiène publique, qui fonctionnent maintenant en permanence au chef-lieu de chaque département et dans toutes les villes importantes. La nature et l'importance des questions soumises à ces conseils ne laissent aucun doute sur l'utilité du rôle qu'ils ont mission de remplir. Il est notoire que certaines industries condamnent à une mort précoce les ouvriers qu'elles emploient ; mais soupçonne-t-on la gravité des accidents auxquels sont sujettes les personnes étrangères à tout travail industriel, et qui se tiennent à distance des établissements réputés insalubres ? La fabrication d'un produit pharmaceutique indispensable, la quinine, inflige une maladie spéciale non-seulement aux ouvriers qui manipulent cette substance, mais encore aux habitants du voisinage qui ne pénètrent jamais dans les ateliers. Il n'est pas rare que les journaux racontent que des ouvriers ont été asphyxiés dans un égout ou dans une fosse d'aisances ; ce qu'ils ne nous apprennent pas, c'est que des puits sont souillés par les infiltrations de ces émonctoires jusqu'à la distance d'un kilomètre. Il y a peu d'années, une famille fut empoisonnée auprès de Saint-Étienne par l'eau d'un puits qui avait été bue jusqu'alors avec impunité. L'analyse chimique y fit découvrir une quantité notable d'arsenic, résidu d'une usine assez, éloignée du théâtre de l'accident. Est-il besoin d'insister davantage ? Qui n'a été frappé des odeurs nauséabondes que certaines fabriques répandent parfois sur une ville entière ? Qui n'a été aveuglé par les nuages d'épaisse fumée, que les cheminées d'appareils à vapeur déversent dans l'atmosphère et que le vent rabat à la surface du sol ? Qui n'a été incommodé par les gaz méphitiques qu'exhalent les eaux stagnantes, les bouches d'égout dans les villes, les amas de fumier dans les campagnes ? Un magistrat éminent qui administra longtemps le département du Nord, M. Vallon, déclarait qu'il ne pouvait sortir de chez lui sans percevoir l'odeur de l'hydrogène sulfuré. Lorsqu'il s'agit de ce gaz désagréable, l'odorat du moins dénonce l'infection avant que le corps n'en éprouve les effets délétères. Au reste, odeurs toxiques ou simplement incommodes, tout cela peut être, à de rares exceptions près, corrigé et purifié. Quelques industries ont reçu sous le rapport de l'assainissement des améliorations qui dépassent ce que l'on en pouvait espérer, et les travaux de voirie exécutés à l'intérieur des villes ont souvent combattu avec succès les causes d'insalubrité qui sont propres aux grandes agglomérations.

Notre étude aura donc pour objet de savoir ce que sont et ce que devraient être les travaux ; qui sont relatifs à l'assainissement des villes. Il sera nécessaire de passer en revue les usines insalubres, les modes de sépulture, la construction et le nettoyage des égouts, et surtout ce qui se rapporte à l'évacuation et à l'emploi des déjections humaines. Sans doute le sujet répugne, et l'on ne saurait l'aborder qu'avec la crainte d'inspirer le dégoût ; mais il est des plaies qu'on doit sonder, jusqu'au vif, quelque répugnance qu'on y éprouve. Lorsqu'on est convaincu, qu'un mal existe et que le remède n'est pas loin, on ne saurait s'en laisser détourner par la délicatesse des sens, st justifiée qu'elle soit en toute autre occasion. D'ailleurs, si l'on se place au point de vue scientifique, les matières fécales ne sont plus la chose repoussante que chacun sait ; cela devient du phosphate, de l'ammoniaque, de l'acide urique et autres corps à composition bien définie dont l'agriculture ne demande pas mieux que de faire son profit. Imitons les Romains, qui, soucieux de l'hygiène publique, n'eurent pas nos répugnances efféminées pour les égouts de leurs grandes cités, et qui en confiaient l'entretien, comme une marque d'honneur ; à des personnages éminents, *curatores cloacarum*.

Sachons au moins ce qui se passe en ces rues souterraines et de quelle manière elles contribuent à notre bien-être, à notre santé.

Section I

Les odeurs méphitiques ou malfaisantes que dégagent les établissements industriels doivent être envisagées à un double point de vue : d'abord parce qu'elles affectent d'une façon directe les ouvriers que ces établissements emploient, en second lieu parce qu'en corrompant l'air, le sol ou l'eau, elles étendent parfois à une grande distance leurs dangereux effets. Les fabriques qui peuvent nuire au voisinage sont assujetties, on le sait, à la formalité d'une autorisation préalable, afin de prévenir ou tout au moins d'atténuer ces inconvénients. Cette sage restriction ne figure dans la législation française qu'au profit de la salubrité extérieure, car l'industriel n'est soumis à aucune mesure d'hygiène en faveur de ses ouvriers. En Belgique au contraire, le gouvernement se réserve le droit de prescrire des précautions hygiéniques dans l'intérêt des travailleurs. En Angleterre, bien que la loi intervienne souvent dans le régime des manufactures pour limiter les heures de travail ou pour fixer les conditions d'âge de l'admission des enfants aux usines, le maître de fabrique n'est obligé à rien de ce qui pourrait améliorer la condition sanitaire de ceux qu'il emploie. C'est assurément une lacune fâcheuse, mais il est digne de remarque que les ouvriers de tous pays montrent une telle insouciance de leur santé que les meilleures réformes échouent souvent par leur mauvais vouloir. Ainsi, dans certaines fabriques où l'on met en œuvre des substances toxiques, les patrons ont voulu contraindre les ouvriers à porter des gants de peau ou à se laver les mains à grande eau au sortir du travail ; ceux-ci ont souvent refusé de se conformer à des injonctions si simples. M. de Freycinet cite même une usine aux environs de Newcastle que les ouvriers menacèrent d'abandonner parce qu'on les assujettissait à prendre des bains périodiques. Toutefois une discipline sévère triomphe le plus souvent de ces préjugés déplorables. Il ne faut guère que des soins hygiéniques pour éviter les maladies graves dans les ateliers les plus insalubres. Contraindre les ouvriers à pratiquer d'abondantes ablutions chaque fois qu'ils quittent le travail ; les soumettre à de fréquentes visites médicales et faire intervenir un traitement énergique dès que les premiers symptômes d'empoisonnement se manifestent, ainsi que cela se pratique dans les fabriques de céruse, employer aux préparations les plus malsaines, comme aux cristalleries de Saint-Louis et de Baccarat, des hommes de la campagne qui demeurent à plusieurs kilomètres de la fabrique et se livrent par conséquent à un exercice salutaire au sortir de l'atelier ; occuper les, mêmes individus tour à tour à des manipulations pernicieuses et à celles qui sont inoffensives, veiller à ce qu'ils aient en tout temps une nourriture fortifiante, voilà des prescriptions bien simples, et cependant il n'en a pas fallu davantage à des patrons intelligents pour transformer radicalement certaines industries qui avaient la triste réputation de décimer la population ouvrière.

En définitive, il n'y a guère d'industries qui soient encore meurtrières pour le personnel qu'elles emploient, et l'on serait mal venu de répéter aujourd'hui les malédictions que des philanthropes adressaient, il y a cinquante ans, à diverses catégories de manufactures, Les ateliers les plus insalubres ont été assainis, tantôt par des soins hygiéniques, tantôt par les progrès de la science. Les grandes-usines de création récente se distinguent en particulier par l'heureuse application qu'on a faite des nouvelles méthodes propres à combattre l'infection, et il est très remarquable que ces perfectionnerons ont toujours été accompagnés d'un progrès industriel très sensible. Si l'on veut trouver, des ouvriers à plaindre, il faut aller dans les petits ateliers. Les fabricants qui n'occupent que trois ou quatre auxiliaires dans un local qui est le plus souvent trop exigu ne savent pas ou ne peuvent pas réaliser les améliorations sanitaires auxquelles des usines plus importantes se conforment sans peine.

Examinons l'état actuel de quelques-unes des industries qui passaient jadis pour être les plus nuisibles. La céruse, dont la peinture à l'huile consomme des quantités prodigieuses, était l'un des produits chimiques les plus funestes ; grâce à d'heureux perfectionnements, la fabrication en est devenue presque inoffensive. A Tours, à Lille, a Paris, on cite des usines qui livrent chaque année au commerce 2 millions de kilogrammes de cette substance sans que leur personnel soit jamais atteint de coliques saturnines, ce qui est dû en grande-partie à des soins de propreté.

La confection des allumettes phosphoriques exige plusieurs opérations très dangereuses, le *trempage* des paquets dans la pâte inflammable et la mise en boîtes des allumettes fabriquées. Dans la première opération, l'ouvrier respire sans cesse des vapeurs phosphorées, et dans la seconde, confiée à des femmes, il se produit fréquemment des combustions spontanées qui font de cruelles blessures aux mains. On y remédie en remplaçant la main-d'œuvre humaine par des machines.[1] La coutellerie comprend un ouvrage d'une insalubrité notoire ; c'est le repassage des lames à la meule à cause des poussières de grès et d'acier qui s'en dégagent, et aussi parce que l'homme qui exécute ce pénible travail se déforme la poitrine en se tenant couché sur la meule. L'aiguisage des aiguilles et des épingles crée les mêmes inconvénients. La préparation des peaux et des cuirs, le nettoyage du coton et de la laine plongent l'ouvrier dans une atmosphère malsaine. La ventilation est le principal remède contre ces causes de maladie. Il serait long d'énumérer toutes les usines où les procédés d'assainissement jouent un rôle utile, indispensable. Si l'on voulait au contraire faire connaître celles qu'il n'a pas encore été possible de rendre inoffensives, on en serait réduit à citer deux où trois préparations de produits chimiques qui ne tiennent qu'un rang bien secondaire dans l'industrie du pays.

Nous venons d'examiner les usines insalubres au point de vue de leur hygiène intérieure. Envisagées par rapport au voisinage, les manufactures peuvent être aussi déclarées nuisibles ou simplement incommodés. C'est une question discutée de savoir si la législation qui les régit doit être préventive ou répressive, bien que le système préventif ait prévalu partout, à l'étranger comme en France. L'autorisation d'établir ces usines n'est accordée qu'après enquête préalable, après examen des conditions auxquelles elles devront satisfaire, et sous obligation de se conformer à des prescriptions qui protègent la santé publique. Lorsqu'elles sont en activité,

---

1 L'amélioration la plus considérable dont cette industrie soit susceptible consiste en la substitution du phosphore amorphe au phosphore ordinaire. On connaît ces nouvelles allumettes, dont la fabrication et l'usage sont presque sans danger. Elles sont peu répandues, parce que la préparation en est encore, on doit l'avouer, assez imparfaite : l'humidité les altère ; mais des perfectionnements graduels permettront sans aucun doute d'en étendre l'emploi. C'est aussi une question de mœurs et d'habitudes que le temps seul peut résoudre.

elles restent encore soumises à la surveillance de l'autorité, sans computer que toute personne qui se prétendrait lésée conserve son droit de recours aux tribunaux civils. En réalité, le recours des voisins rencontre des difficultés parfois insurmontables, surtout quand plusieurs usines sont situées à côté les unes des autres, car il devient impossible de décider à laquelle incombe la responsabilité du dommage. Resterait la surveillance officielle. En France, elle n'existe pas, ou n'est exercée que par des hommes sans compétence scientifique. En Angleterre, où les fabriques incommodes sont si nombreuses que l'infection industrielle a été qualifiée de fléau national, la loi a pris soin d'instituer des inspecteurs spéciaux, armés du pouvoir exorbitant aux yeux de plus d'un Anglais, d'entrer dans les usines, sans formalités préalables, à toute heure du jour et de la nuit. En Prusse, de même qu'en Belgique, les inspecteurs de l'état jouissent du même privilège. Cette institution, est donc acceptée par des peuples qui portent très haut le souci de la liberté individuelle. Quoique le dommage soit moins grave chez nous que dans les provinces essentiellement industrielles de la Belgique, quoique l'on ne puisse citer aucun canton de notre pays qui ait été dévasté, désolé, privé d'arbres et de verdure, comme certains districts de l'Angleterre, par les gaz acides des usines, il n'en serait pas moins utile d'enrayer le mal avant qu'il n'ait eu le temps de s'étendre. Déjà les conseils d'hygiène de plusieurs départements ont appelé le contrôle de l'état sur les établissements insalubres dont une surveillance active et éclairée réprimerait les inévitables abus.[1]

On nous permettra d'insister sur ce sujet, qui met en conflit deux intérêts très graves : d'une part, celui du public gêné, souvent même lésé dans la jouissance de l'air qu'il respire, de l'eau dont il fait usager d'autre part, celui de l'industrie, qu'une entrave maladroite risquerait de compromettre. Donner satisfaction à des plaintes légitimes sans toutefois nuire à l'exercice d'une profession utile, cela ne peut être réalisé qu'à la condition de savoir au juste quelles restrictions l'industrie peut supporter et quelles mesures remédieront aux inconvénients signalés. Or c'est ce que l'on ignore

---

1 Le conseil d'hygiène de l'Hérault constatait en 1859 que, sur 1,931 établissements créés sous le régime de la législation actuelle, 1,342 fonctionnaient sans autorisation préalable, et que, sur 589 usines pourvues d'autorisation, 413 éludaient les conditions qui leur avaient été imposées.

presque toujours. Lorsque les conseils d'hygiène, dont il serait vain de contester les lumières et la compétence, se mettent à édicter des prescriptions préventives et imposent à une usine le mode d'assainissement qu'elle doit mettre en œuvre ou un procédé de fabrication dont elle n'a pas droit de s'écarter, ces conseils, ferment la voie à toute amélioration intelligente, et s'exposent à manquer le but qu'ils poursuivent. On en a vu plus d'un exemple. Ainsi le conseil supérieur d'hygiène à Bruxelles, à propos des réclamations suscitées par une fabrique d'huile de résine, déclara que les plaintes étaient fondées, mais que, l'industriel s'étant conformé aux conditions qui lui avaient été imposées lors de son établissement, il était impossible de le soumettre à de nouvelles obligations. Il serait sage en tout cas de se réserver le droit de remédier au mal après qu'il est constaté, plutôt que d'avoir la prétention de le prévenir. On simplifierait aussi par ce mode d'agir la réglementation abusive dont l'industrie ressent déjà trop vivement le poids. C'est au reste ce qu'un décret récent a déjà fait pour les appareils à vapeur. Écarter l'intervention administrative dans les formalités préalables, la rendre au contraire plus vigilante par la suite, telles sont les réformes que des hommes éclairés conseillent au gouvernement d'introduire dans le régime légal des établissements industriels.

Les longues traînées de fumée noire et infecte que les foyers de locomotives et d'usines déversent sans cesse au-dessus de nos têtes sont l'un des inconvénients les plus sensibles que produise le voisinage des usines. Le mode de s'en préserver est simple et pour ainsi dire élémentaire ; il consiste à élever les cheminées aussi haut que possible. Les cheminées de nos villes manufacturières, qui donnent au paysage un aspect un peu monotone, mais asses original, ont d'ordinaire de 30 à 40 mètres de haut, ce qui est presque autant que la colonne de la place Vendôme. A Rouen par exception, on en voit une de 74 mètres. Les industriels anglais ont été contraints de les monter bien plus haut. La ville de Glasgow en montre avec orgueil quelques-unes qui sont des monuments ; l'une d'elles mesure 142 mètres de la base au sommet, c'est-à-dire qu'il n'y a dans le monde que deux édifices plus élevés, la plus haute des pyramides d'Égypte et la flèche de la cathédrale de Strasbourg ?

Au fond, c'est un procédé imparfait que de se débarrasser des gaz incommodes en les lançant très haut dans l'atmosphère, car ces émanations gênantes, que rien ne vient neutraliser, retombent sur le sol un peu plus loin ; on ne fait que reporter à une grande distance, en l'atténuant il est vrai, le dommage dont aurait souffert le voisinage immédiat de l'usine. Le perfectionnement efficace serait de construire des foyers *fumivores*. Par ce mot, on ne doit pas entendre, ainsi qu'on serait tenté de le faire, que les foyers ne dégagent plus aucun des produits de la combustion, mais que les gaz émis par la cheminée ont été dépouillés des matières charbonneuses qui les épaississent. L'autorité publique fut longtemps très tolérante à ce sujet, sous le prétexte assez réel que le problème de la fumivorité n'était pas encore résolu. En théorie, c'est un problème assez simple, puisque le charbon de terre ne dégage qu'une fumée translucide toutes les fois qu'il est brûlé en présence d'une suffisante quantité d'air. Suivant que le chauffeur conduit bien ou mal le feu, la fumée noire disparaît ou se montre de nouveau. Les inventeurs se sont proposé d'imaginer un foyer si bien disposé, que la régularité de la combustion fût indépendant de la négligence de l'homme : de la quantité d'inventions qui réalisent dans une certaine mesure l'objet que l'on avait en vue. Un décret récent, qui a imposé à tous les industriels l'obligation de brûler leur fumée, paraît susceptible d'être mis à exécution sans que les propriétaires d'usines aient trop à s'en plaindre. Cette fois encore il ne manque qu'une surveillance efficace pour que le but soit complètement atteint.

Si la fumée de la houille affecte nos sens d'une façon désagréable, d'autres gaz d'une composition chimique différente, agissent comme un poison mortel sur les végétaux. Les vapeurs nitreuses et sulfureuses que dégagent les fabriques d'acide sulfurique, l'acide chlorhydrique qui se produit dans les fours où l'on transforme le sel marin en soude, les fumées qui s'échappent des fonderies de plomb rendraient le pays stérile à plusieurs kilomètres à la ronde, si les principes nuisibles de ces émanations n'étaient condensés avant qu'ils ne se répandent dans l'atmosphère. L'un des effets de ce genre le plus curieux est la singulière influence que la fumée des fours, à chaux exerce sur les vignobles. Jusqu'à 600 ou 800 mètres de distance, les raisins, et le vin qui en provient contractent un goût désagréable ; aussi les fours à chaux de la Bourgogne sont-ils contraints d'interrompre leur travail depuis la floraison de la vigne jusqu'à la vendange. Des usines d'une autre nature, celles qui traitent les suifs, les graisses, les engrais artificiels, dégagent des odeurs puantes. Dans ce cas encore, c'est au moyen de hautes cheminées ou d'appareils de condensation que l'on prévient les inconvénients les plus sérieux.

Il n'y a pas que l'atmosphère qui soit empestés par les résidus des établissements industriels. Les rivières en éprouvent au plus haut degré la détestable influence, et les cours d'eau qui traversent les pays de manufactures en arrivent à ne plus être que des égouts, comme la Bièvre à Paris, l'Ill à Mulhouse. Les ruisseaux qui arrosent Gand, Mons et Verviers en Belgique, Manchester, Birmingham, Leeds et Sheffield en Angleterre, présentent le triste spectacle d'eaux corrompues et chargées de matières putrescibles où le poisson ne peut plus vivre. Les grands fleuves eux-mêmes n'échappent pas, malgré la largeur de leur lit, à cette calamité, et les impuretés dues soit aux usines, soit aux déjections des villes assises sur leurs rives, en rendent l'eau impropre à la boisson. En ce qui concerne les résidus industriels, qui sont en ce moment seuls en cause, le gouvernement ne peut garantir les rivières de toute souillure que par des procédés identiques à ceux qui lui servent déjà à conserver la pureté de l'atmosphère, c'est dire que les eaux sont assez mal préservées et que d'autre parties fabriques sont souvent assujetties à des conditions onéreuses qui gênent leur liberté d'action. Qu'on en juge par quelques exemples. La fabrication de la soude artificielle est l'une des industries qui donnent lieu sous ce rapport aux plus justes réclamations. A Shields, une fabrique de soude située sur le littoral s'est vue obligée d'embarquer chaque jour ses résidus et de les envoyer à 2 kilomètres en mer. Une usine de Lyon qui produit les belles couleurs que l'on extrait du goudron de houille n'avait pas d'autre ressource que d'embariller la partie la plus nuisible de ses détritus et de l'expédier à Marseille, où les barils étaient vidés dans la Méditerranée. A Gand, les eaux de la Lys étaient si fétides que des quartiers de la ville devinrent inhabitables ; il fallut détourner le cours de la rivière par un barrage éclusé et lui ouvrir un nouveau canal. Les teintureries rendent des liquides de couleur foncée qui sont souvent chargés de matières toxiques et engendrent des accidents d'une extrême gravité. Dans le département du Nord, que l'on cite volontiers lorsqu'il s'agit des progrès de l'hygiène industrielle, ces usines ont été contraintes de clarifier leurs eaux avant de les rendre à la circulation. On a forcé les chefs de fabrique à laisser reposer leurs liquides résiduaires en d'immenses bassins étanches où, mélangés avec divers réactifs chimiques, ils abandonnent la plus forte part des principes nuisibles qu'ils contiennent. Ce fut à l'origine une lourde charge pour les fabricants ; mais ils en firent sortir un résultat inespéré. Ces résidus eux-mêmes, soumis à de nouvelles opérations, rendirent sous forme utile les matières qui avaient été jusqu'alors entraînées en pure perte. Ce fut une confirmation nouvelle de cette loi générale que les manipulations chimiques sont d'autant plus parfaites qu'elles abandonnent moins de résidus inutiles. On doit donc avoir une confiance complète dans le perfectionnement graduel des industries de ce genre, puisque tout progrès sanitaire se résout pour elles en un progrès économique. La preuve en devient évidente, si l'on examine l'état actuel des fabriques insalubres. Toutes celles qui ont été créées depuis peu d'années et qui fonctionnent sur une grande échelle exercent sur le voisinage une influence moins délétère que les ateliers plus petits ou plus anciens et moins bien installés dans lesquels les découvertes de la science moderne ne reçoivent qu'une application tardive et imparfaite. C'est ce que nous avons aussi remarqué plus haut en parlant de la salubrité intérieure.

Il est triste de constater que les villes ne sont pas seules soumises à ces germes d'infection, et que les campagnes, où l'industrie n'apparaît que sous une forme plus modeste, sont sujettes aux mêmes inconvénients. Les distilleries, qui se multiplient sur toute l'étendue du territoire, rejettent des liquides chargés de matières organiques, par conséquent putrescibles, à moins qu'elles ne se bornent à employer des procédés purement agricoles. Et qui ignore les ravages que cause en certains pays le rouissage du lin et du chanvre ? Le bétail même en est quelquefois incommodé. Au lieu de renouveler à de fréquents intervalles l'eau des étangs où la plante textile se désorganise, le paysan la laisse se putréfier indéfiniment, persuadé que le rouissage s'opère mieux et plus vite dans un liquide déjà corrompu. De là les fièvres paludéennes qui sévissent dans les pays adonnés à cette petite industrie rurale. Bien des méthodes nouvelles ont été proposées pour rendre l'opération moins malsaine, tout en diminuant la durée du temps qu'elle exige. Par malheur l'expérience a fait voir que les procédés basés sur l'emploi de réactifs chimiques, plus expéditifs que le rouissage ordinaire et irréprochables au point de vue hygiénique, ôtent à la fibre textile une partie de sa force, Et puis n'y eût-il pas ce sérieux inconvénient, auquel on saura bien remédier tôt ou tard, la routine, si puissante sur les esprits campagnards, opposerait longtemps une impassible résistance à des innovations salutaires.

Après avoir exposé ce qui contribue à contaminer l'air que nous respirons et l'eau qui nous sert à tous les usages de la vie, il faut bien dire, encore que le sol même que nous foulons aux pieds n'échappe pas à l'infection, puisqu'il reçoit en définitive les détritus solides de toutes les industries. L'empoisonnement du sol a cela de grave qu'il persiste longtemps après que les causes déterminantes ont disparu, et qu'au voisinage des sources d'infection il devient de plus en plus malsain. Quiconque a vu ouvrir une tranchée dans une rue d'une grande ville aura été frappé de l'odeur que la terre exhale autour des tuyaux destinés au gaz d'éclairage. Dans les cités qui s'éclairent depuis longtemps par ce moyen, le sous-sol en est imprégné à un point extraordinaire. Il a fallu déjà recourir à des moyens spéciaux, comme des doubles tubes, pour protéger les racines des arbres contre ces pernicieuses émanations ; mais ce n'est là qu'un remède local et incomplet.

Ne doit-on pas ranger encore parmi les causes d'infection du sol l'usage de perdre dans des puisards les eaux corrompues qu'il est interdit aux fabriques d'écouler en rivière ? Verser sans cesse des liquides infects au fond d'un puits, c'est y créer de propos délibéré un foyer d'insalubrité. Il semble d'abord que le voisinage n'en éprouve aucun dommage, puis peu à peu l'infection se propage par la nappe souterraine ; les puits d'alentour se corrompent de proche en proche ; on s'habitue par degrés à boire des eaux malsaines dont l'odeur et la teinte répugneraient à un étranger, jusqu'à ce que enfin de déplorables accidents révèlent qu'il est dangereux de les employer comme boisson. On s'en aperçoit lorsque le mal est irréparable et que le sol souillé n'est plus capable de distiller qu'une eau empoisonnée.

Nous ne saurions prétendre donner ici la liste complète de toutes les industries qui enlèvent à l'eau, à l'air ou au sol leurs vertus habituelles. Ce qui précède suffit sans doute à montrer que la vie industrielle risque à chaque pas de créer un danger pour ceux qui ne font qu'assister du dehors à ses opérations, multiples, aussi bien que pour les ouvriers qui lui prêtent le concours de leurs bras. On nous reprochera peut-être de voir l'infection partout ; une telle étude n'est pas rassurante. Que sera-ce donc quand nous aurons fait voir que la vie municipale, que la vie individuelle même, dégagent aussi d'innombrables germes d'insalubrité et de maladie ! Par bonheur, les hygiénistes ont été capables d'indiquer le remède en même temps qu'ils révélaient le dommage. A-t-on su mettre à profit leurs recherches scientifiques ? C'est encore une question qu'il conviendra d'examiner en son temps.

Section II

Toute matière organique est putrescible. Tout ce qui a vécu se décompose dès que la vie l'abandonne, et cette décomposition tantôt lente, tantôt rapide, se résout en gaz méphitiques, en liquides colorés d'une odeur répugnante, en un faible volume de substances solides que leur nature minérale soustrait à la transformation universelle. Les belles paroles de Bossuet sont l'expression bien réelle de ce qui se passe après la mort : « Notre chair change bientôt de nature ; notre corps prend un autre nom ; même celui de cadavre ; parce qu'il montre encore quelque forme humaine, ne lui demeure pas longtemps : il devient un je ne sais quoi qui n'a de nom dans aucune langue. » Les cimetières, lieux de décomposition et de corruption, sont par le fait un voisinage insalubre ; mais la question d'assainissement, simple affaire d'hygiène en d'autres occasions, se complique ici du pieux respect dû à la dépouille humaine. Chaque nation a ses usages funèbres que la loi serait impuissante à changer, et que le survivant, même par intérêt pour sa santé personnelle, considérerait comme une profanation de modifier. Il serait donc superflu de discuter, au point de vue pratique, si les cadavres doivent être brûlés, comme on l'a quelquefois proposé, plutôt qu'enfouis. Les champs du dernier repos doivent être acceptés tels qu'ils sont, sans même que l'on puisse avoir la prétention de rendre plus usuelles les méthodes d'embaumement.

La question étant ainsi délimitée, il est facile de reconnaître que l'assiette et la tenue des cimetières, ainsi que tout ce qui a trait aux inhumations, laissent encore fort à faire aux hygiénistes. C'est peut-être en France que l'on rencontre sous ce rapport les dispositions les mieux entendues. L'inhumation s'effectuant, comme on sait, à très bref délai après la mort, le séjour du corps à domicile n'est jamais si prolongé que le voisinage en puisse éprouver quelque incommodité. En Angleterre, au contraire, l'ensevelissement est souvent ajourné outre mesure. Il en est surtout ainsi parmi les classes laborieuses, qui remettent volontiers au dimanche la cérémonie des funérailles, afin d'y réunir un plus grand nombre d'assistants. On a signalé bien des fois le danger que crée un tel retard, mais c'est une de ces habitudes qu'un règlement de police ne saurait corriger.

L'usage se perpétue aussi dans la Grande-Bretagne d'ensevelir les morts dans les cimetières qui entourent les églises et même à l'intérieur des édifices du culte. Quoique la législation actuelle s'efforce de réagir contre cette coutume funeste, les droits acquis et les mœurs ont mis obstacle à une réforme radicale dont l'utilité n'est plus contestée par personne. Tout l'espace libre sous le sol des églises a été consacré pendant des siècles à recevoir les cadavres. Certains caveaux regorgent de matières corrompues, et tout le long des édifices sacrés se trouvent des tombeaux remplis de restes humains. La seule séparation entre les morts et les vivants est une mince dalle de pierre et quelques pouces de terre. C'est insuffisant : aussi les produits gazeux de la décomposition se répandent dans l'atmosphère des églises au grand préjudice des assistants. Les cimetières situés à l'intérieur des villes ne sont pas moins malsains, car des enquêtes officielles ont démontré que les épidémies cholériques de 1849 et de 1854 ont sévi avec une gravité exceptionnelle dans les quartiers qui entourent ces nécropoles. Les Anglais ont d'autant plus raison de redouter l'infection due à ce voisinage que leurs cimetières urbains sont pour la plupart ouverts depuis un temps immémorial. Les dépouilles que les générations successives y ont entassées ont si bien transformé la nature du terrain, que le sol, saturé de débris, se refuse à décomposer de nouveaux cadavres. On évalue que les cimetières de la Cité de Londres ont absorbé 48,000 tonnes de débris humains. Que d'années, que de siècles même, pourrions-nous dire, ne faudra-t-il pas pour transformer cette grande masse de pourriture en une poussière inerte ! Jusqu'à ce que le temps ait achevé son travail de décomposition lente, on ne saurait toucher à ces terrains sans encourir le risque d'engendrer une épidémie.

La situation n'est nulle part aussi grave en notre pays. Toutefois, si les grandes villes se sont conformées aux obligations étroites que la loi française impose dans un intérêt d'hygiène, il reste encore nombre de petites localités où le lieu du dernier repos est trop rapproché des habitations, ou assis sur un terrain de mauvaise nature, trop humide par exemple, ce qui retarde et arrête même quelquefois la décomposition. Sans recourir à un déplacement qui est toujours et à tous égards une mesure d'une extrême gravité, on a essayé avec succès d'améliorer la nature du terrain au moyen d'un drainage souterrain, mode d'assainissement dont on verra bientôt d'autres applications à la salubrité publique. Néanmoins il faut poser en principe que les cimetières doivent être abandonnés après un certain temps ; la terre a besoin de repos. On s'est conformé aux principes essentiels de la science lorsqu'on a conçu l'idée de transférer les cimetières de Paris à une grande distance du glacis des fortifications, au milieu de plaines sèches, pierreuses, presque stériles et désertes, par conséquent de médiocre valeur.[1] Toutes les cités de quelque importance sentiront tôt ou tard la nécessité d'adopter la même solution ; mais il serait téméraire de combiner cet inévitable déplacement avec d'autres projets de voirie municipale et d'envisager à l'avance le sol des cimetières comme un futur terrain à bâtir. L'hygiène, non moins que la piété, commande que cette terre qui a vécu soit respectée longtemps, bien longtemps après, que les portes de l'enceinte en ont été irrévocablement closes.

Lorsqu'on aborde l'importante question de l'assainissement des villes, on ne saurait passer sous silence la plus abjecte des causes d'infection qui y pullulent. Au sein des grandes agglomérations du nord de la France, les déjections humaines sont recueillies dans des citernes étanches qui ne doivent rien abandonner au sol environnant ; c'est là ce qu'on a trouvé de mieux, et cependant il faut bien avouer, que c'est un procédé barbare que de créer au-dessous d'une maison un foyer de pestilence sans cesse en activité.

---

1 Voyez à ce sujet les intéressantes discussions du sénat pendant les séances du 2 et du 5 avril.

Ces réceptacles fétides laissent souvent filtrer leur contenu et en empoisonnent les nappes d'eau environnantes ; à Rouen, l'eau de beaucoup de puits est devenue par ce motif impropre à la boisson et a contracté une senteur caractéristique. Ailleurs, surtout dans les pays chauds, l'état des choses est pire encore. Les matières stercorales sont entassées dans les cours ou versées dans les ruisseaux des rues, en sorte qu'elles corrompent à la fois l'air, le sol et l'eau. Si peu que l'on ait visité certains départements du midi, on aura eu le spectacle immonde des cloaques impurs qu'une population imprévoyante fomente à ses côtés.[1] L'odorat, sens capricieux, quoique délicat, s'y accoutume peut-être ; mais la santé éprouve tôt ou tard la triste influence des exhalaisons qui s'en échappent.

Ne craignons pas d'approfondir le sujet, et d'abord voyons par le détail ce qui se passe à Paris. Chaque nuit, deux cents voitures parcourent les rues de la ville, non moins désagréables par le bruit qu'elles produisent que par les odeurs quelles laissent sur leur passage. Les brigades d'ouvriers qui les accompagnent, on en redoute jusqu'à l'approche, quelque honnêtes que soient ces rudes travailleurs ; si vite que l'on passe devant eux, on voit cependant le résultat de leurs opérations. D'un côté, ce sont des liquides impurs, presque inodores et considérés bien à tort comme inoffensifs, que le ruisseau reçoit et conduit à l'égout le plus proche ; de l'autre, ce sont d'immenses tonneaux où s'engouffrent les matières solides ; puis les voitures, foyers d'infection ambulants, reprennent leur marche pesante et se rendent au dépotoir de la Villette, qui a remplacé l'ancienne voirie de Montfaucon. Elles y arrivent de minuit à huit heures du matin et vident aussitôt leur chargement en des citernes couvertes. Des pompes mues par des machines à vapeur se mettent alors en mouvement et refoulent le contenu des citernes, par des tuyaux souterrains, jusqu'aux bassins de la nouvelle voirie, située dans la forêt de Bondy, à 10 kilomètres de distance. Les matières se déposent là à l'état fluide, dans d'énormes bassins d'une superficie de 7 hectares et de 160,000 mètres cubes de capacité. Elles se dessèchent, se concentrent en empestant le pays d'alentour au bout de trois ou quatre ans, c'est devenu de l'engrais.

1 La petite ville de la Seyne, près de Toulon, si cruellement décimée par le choléra en 1865, était sous ce rapport dans des conditions hygiéniques que l'on n'oserait décrire.

Une partie des liquides, traitée par des moyens chimiques, fournit une notable quantité de sels ammoniacaux. On aura une idée de l'importance et aussi de l'embarras d'un tel établissement quand on saura qu'on vide chaque nuit 2,000 mètres cubes de matières dans les bassins de Bondy.

Les deux usines de la Villette et de Bondy, nécessairement peu connues, sont un modèle à citer sous le rapport de la salubrité publique, et font honneur aux savants ingénieurs des ponts et chaussées, MM. Mary et Mille, qui les ont organisées ; mais, étant admis que l'on a su atténuer autant que possible les inconvénients du système, il n'en est pas moins évident que l'existence d'un si gigantesque cloaque aux portes de Paris, non moins que les opérations dégoûtantes qui s'opèrent au préalable, sont un contresens à côté des merveilles que la capitale de la France offre aux regards. De plus, il n'est pas rare, que les ouvriers qui procèdent au nettoyage des fosses soient frappés d'asphyxie. A tous égards, c'est donc une calamité. Ce n'est pas cependant que les inventeurs aient dédaigné de porter leur attention sur ce sujet repoussant. Quoiqu'il y ait eu des perfectionnements incontestables, aucun d'eux ne constitue une réforme radicale, et c'est pourtant ce qu'il serait urgent de réaliser aujourd'hui. La question ne touche pas seulement au bien-être, à la propreté, à la salubrité publique ; elle intéresse aussi l'agriculture, dont nous gaspillons l'un des plus précieux engrais. Les Anglais, qui chiffrent volontiers la valeur commerciale de chaque chose, ont évalué à 10 fr. par tête et par an le rendement de l'engrais humain. La ville de Paris seule y serait donc intéressée pour une somme de 18 à 20 millions de francs, dont une très minime portion se retrouve en l'état actuel dans les produits de l'usine de Bondy.

Il est assez vrai de dire que la propreté individuelle et la bonne tenue des maisons ou des villes sont affaire de mœurs, et que les populations pauvres ne restent dans la boue qu'autant qu'il leur plaît de n'en pas sortir. Toutefois on ne peut contester que sur le sujet qui nous occupe les habitudes vicieuses se retrouvent en tous pays, sous tous les climats. On ne sait que trop ce qui se passe dans les contrées du midi, où les matières fécales sont traitées avec autant de sans-gêne que le fumier des bestiaux. Dira-t-on que la chaleur du soleil et la sécheresse du climat sont une excuse ? Mais en Flandre, où les conditions atmosphériques sont bien différentes, les mêmes coutumes attirent l'attention de l'hygiéniste avec un plus haut degré d'intérêt, car l'humidité habituelle de l'atmosphère en aggrave les funestes conséquences. Croirait-on que les fosses d'aisances sont souvent réduites à un simple trou découvert où la pourriture, la maladie et la mort se distillent à toute heure du jour et de la nuit ? Le mal parut si grand que le gouvernement belge s'avisa d'instituer en 1849, pour les rues ou quartiers que fréquente la classe ouvrière, des prix de propreté, primes accordées aux familles qui donnent le plus de soin à la tenue de leur demeure. Ces récompenses modestes ont introduit, paraît-il, en certaines villes de Belgique une heureuse émulation, en même temps que les visites périodiques des bureaux de bienfaisance et des comités auxquels incombait le soin d'apprécier les résultats stimulaient l'incurie des pauvres habitants de ces quartiers, et leur enseignaient les premières notions d'hygiène.

En Angleterre, où les circonstances climatériques sont encore plus défavorables, les fosses ouvertes ne sont pas une exception. Les commissions d'enquête sanitaire de 1849 et de 1854 pénétrèrent dans des logements dont le plancher était recouvert par des nappes d'immondices débordant des fosses voisines. Jusqu'au sein de grandes villes, telles que Manchester et Liverpool, le sol était saturé à une grande distance par les infiltrations de ces hideux réceptacles. En raison même de ce que le mal était plus grave qu'en notre pays, les Anglais s'en sont préoccupés plus tôt que nous. Aussi en sont-ils arrivés à condamner d'une façon absolue les réservoirs de matières fécales. Ils n'ont pas cherché, comme on l'a fait ailleurs, à améliorer le système de vidanges ; ils ont préféré des dispositions qui suppriment tout à fait ces grands dépôts d'immondices. On compte qu'à Londres seulement on en a fait disparaître trois cent mille depuis dix ou douze ans. S'il faut en croire l'esprit pratique de nos voisins d'outre-Manche, la vraie méthode de se débarrasser de ce fléau est de l'exploiter pour et par l'agriculture. La ville doit restituer à la campagne sous forme d'engrais l'équivalent de ce qu'elle en a reçu sous forme d'objets de consommation. Toute autre mesure que l'application directe des déjections humaines à la culture est un remède imparfait qui ne mérite pas de fixer l'attention. « Toute mauvaise odeur dans l'habitation, dans la rue, dans la ville, disait en1850 un rapport du *Board of health*, signale une atteinte à la santé publique, et dans la campagne une perte d'engrais. » Cette vérité, que les Anglais ont élevée à la hauteur d'un principe, fait déjà pressentir la solution qu'ils ont adoptée.

Les Anglais sont aussi arrivés à cette conclusion, que le meilleur moyen de rendre inertes les germes de fermentation putride est de les noyer dans une grande quantité d'eau. Diluer à l'infini les matières excrémentitielles, c'est leur enlever leur redoutable efficacité ; mais ne va-t-on pas se heurter à un autre inconvénient ? Les répugnantes opérations de la vidange deviendront d'autant plus fréquentes que les réceptacles, déjà transformés en citernes étanches par de sages règlements de police urbaine, vont se remplir plus vite. Le préfet de la Seine constatait en 1854 le mauvais vouloir des propriétaires parisiens à introduire les concessions d'eau à tous les étages de leurs maisons, parce qu'il en résultait au bout de peu d'années une dépense plus considérable d'épuisement des fosses. En définitive, il faut une réforme complète. En attendant que nous arrivions au moment de l'exposer, nous n'avons voulu que signaler en passant l'eau comme un puissant moyen d'assainissement. Le principe étant posé, les conséquences s'en dégageront d'elles-mêmes.

Quand on s'occupe de cette question, ce serait en négliger l'un des côtés les plus importants que de ne pas tenir compte de la lourde dépense que le système le plus commun en France impose aux propriétaires et de la valeur très réelle de cette singulière marchandise. On estime que le mètre cube de vidange coûte à Paris 8 fr. d'extraction ; c'est environ ce que fournit chaque personne adulte en une année. Il en résulte en somme un impôt annuel de 10 à 12 millions, impôt dont ne profitent ni le gouvernement, ni la ville, ni les individus. D'autre part, ce mètre cube vaudrait 12 à 15 fr. en tant qu'engrais ; mais, comme on en utilise à peine la dixième partie sous forme de poudrette et de sels ammoniacaux, il y a une autre perte plus considérable que la première. Les Flamands et les Hollandais, à qui l'on reproche quelquefois par ironie de manifester trop de préférence pour ce mode d'engraisser la terre, ne dédaignent pas les revenus qu'ils en savent extraire. En réalité, tout le monde ne partage-t-il pas sous ce rapport l'opinion de Vespasien ? A Anvers, l'exploitation des vidanges, faite au profit du trésor communal, a rapporté de tout temps des sommes considérables. Le bénéfice actuel, bien que réduit par la concurrence du guano américain, s'élève encore à 80,000 francs. A Louvain, la ville en retira 15,000 francs, 20,000 à Arnheim, 40,000 à Groningue. Dans toute la Flandre, les cultures industrielles doivent à cette alimentation énergique une grosse part de prospérité, et des contrées couvertes autrefois de landes et de tourbes ont été transformées en terres fertiles par l'engrais flamand ; mais le côté économique de la question ne doit après tout que nous être secondaire, puisque l'hygiène n'en profite point. L'inconvénient capital subsistant, c'est à d'autres moyens qu'il faut avoir recours ; c'est encore ailleurs qu'il convient de chercher des exemples.

Il est à peine besoin de dire que la propreté des rues, aussi bien que celle des maisons et de toutes les dépendances des habitations, est encore un élément essentiel de la salubrité. L'édilité doit considérer ce soin comme un de ses principaux devoirs, mais elle est bien impuissante, si les mœurs ne la secondent pas. Les débris domestiques sont pour la vie municipale ce que les résidus impurs des fabriques sont pour la vie industrielle, un embarras et une plaie. Les petites villes offrent presque toutes à cet égard un triste spectacle. La ville de Paris, dont les hygiénistes se plaisent sous bien des rapports à invoquer les règlements de voirie comme un modèle à imiter, tolère des abus qui ont été réprimés ailleurs depuis longtemps. Les ordures ménagères y restent en dépôt sur le pavé de la rue plusieurs heures avant d'être enlevées ; les passants les foulent aux pieds, les voitures les écrasent et les dispersent. Les tombereaux qui recueillent ces débris sans nom circulent sur la voie publique à un moment de la journée où les suintements qui s'en échappent et les émanations qui s'en exhalent ne sauraient passer inaperçus ; c'est entre sept et neuf heures du matin. Qui n'a été frappé dans une promenade matinale de l'aspect sordide que présentent les chaussées de la capitale à l'heure où s'en effectue la toilette quotidienne ? Bordeaux, Lyon et d'autres cités de province sont mieux traitées, car les débris domestiques, transportés directement de chaque maison à la voiture qui les emporte, ne souillent pas un seul instant le pavé de la rue. La tolérance que l'administration municipale de Paris montre à cette occasion est motivée, — le croirait-on ? — sur l'intérêt qu'inspire une des petites industries du ruisseau, le chiffonnage. Près de sept mille individus n'ont d'autre moyen d'existence que d'explorer, le crochet à la main, les humbles rebuts de la population parisienne : 10,000 francs par jour, 3 millions 4/2 par an, telle est la moisson incroyable que les chiffonniers récoltent dans leurs expéditions nocturnes, butin immonde dont s'alimentent des fabriques de papier, de carton et de noir animal. Quelque inconvénient qu'il y ait à souffrir les usages actuels, on a pensé qu'il serait inhumain d'enlever à cette armée de pauvres travailleurs son gagne-pain de chaque nuit. Cette bizarre industrie est au reste condamnée à disparaître à mesure que s'éteindront ceux qui sont en possession du droit de l'exercer, car on refuse à de nouvelles recrues la licence de se livrer à ce métier rebutant, et les chiffonniers actuels seront les derniers membres d'une corporation dont on s'est plu quelquefois à vanter bien à tort le labeur aléatoire et les mœurs vagabondes.

N'est-il pas possible, se sera-t-on déjà dit, de débarrasser la surface de tant d'impuretés, résidus d'usines, excréments ou débris domestiques, en reléguant toutes ces matières dans les égouts ? Il n'est guère de grande ville qui ne possède une canalisation souterraine très étendue. L'obstacle est que ces exutoires invisibles sont eux-mêmes une cause permanente d'infection, et non pas la moins active ni la moins dangereuse. L'assainissement des égouts est une question de premier ordre ; c'est, à vrai dire, le nœud de la question et la première partie du problème de l'assainissement général des villes.

Pour peu que l'on y réfléchisse, on se convaincra qu'un canal souterrain ne peut servir utilement d'évacuateur qu'à la condition que les immondices n'y séjournent pas, et que ce résultat ne peut être atteint, si l'égout n'a pas une forte pente ou n'est pas balayé par un courant d'eau. Or bien peu de villes sont en situation de satisfaire à l'une ou l'autre de ces conditions. Aussi il est commun de voir ces collecteurs ajouter une puanteur de plus à toutes les autres causes d'infection de la voie publique. Les remèdes habituels sont le plus souvent impuissants. Tantôt ce sont des ouvriers qui descendent à jour fixe dans les égouts et facilitent à force de bras le départ des immondices, métier dangereux dont ces malheureux sont parfois victimes, car les galeries souterraines, privées d'air, recèlent des gaz asphyxiants. Ailleurs, on laisse les ordures s'empiler pendant des mois et des années ; lorsque le canal est comble, on en démolit la voûte en ouvrant la chaussée de la rue, et on le vide à fond ; mais, tandis que cette opération barbare s'accomplit, la ville entière est empoisonnée. En plusieurs localités, les autorités municipales préviennent les inconvénients les plus graves par une double mesure qu'au premier abord on serait tenté d'approuver. On interdit toute communication souterraine entre les égouts et les habitations riveraines, de façon à garantir ces exutoires des principales causes d'infection et en particulier de l'apport des matières stercorales ; puis on bouche par des fermetures plus ou moins hermétiques toutes les issues qui établissent une communication avec le dehors. L'atmosphère est préservée ; le sol au contraire se pénètre de déjections fétides, et les germes d'insalubrité y fermentent sans que rien s'oppose à leur développement.

Des procédés spéciaux ont donné quelquefois d'heureux résultats. Au Havre, l'eau des bassins du port, retenue à marée haute, permet de faire des chasses journalières à travers le réseau des égouts ; les immondices en sont expulsées par ce mode énergique de curage, en même temps que l'atmosphère souterraine est renouvelée et assainie. En quelques villes de fabrique où certains produits chimiques peuvent être acquis à bon marché, on a recours à des désinfectants qui neutralisent les principes putrides et les mauvaises odeurs. Ce ne sont pas là des moyens dont l'emploi puisse devenir général, car peu de villes disposent d'une retenue d'eau, et les désinfectants chimiques coulent presque toujours très cher. La meilleure disposition est de donner aux galeries une pente convenable et d'y faire couler un filet d'eau qui en opère spontanément le nettoyage. Nous allons nous retrouver, il est vrai, en face d'une autre difficulté. Que deviendra le courant impur qui, si l'on adopte cette méthode, jaillira sans cesse à l'extrémité inférieure du réseau d'égouts ? La déversera-t-on dans le lit d'une rivière, l'eau empoisonnée deviendra impropre à la boisson et aux usages publics ; le poisson n'y pourra plus vivre ; les immondices se déposeront sur les rives et dégageront en temps de sécheresse des exhalaisons pestilentielles. L'infection ne sera plus dans la ville ; on la retrouvera en aval, et les vents la rapporteront dans les rues de la cité. N'y aurait-il pas là d'ailleurs une énorme déperdition de matières fertilisantes aux dépens de l'agriculture ? On sent déjà que la question est susceptible d'une meilleure solution. Purifier le sol, les eaux et l'atmosphère au profit de la culture des champs, rendre sans tarder au torrent de la circulation vitale les débris organiques que la vie vient à peine d'abandonner ; faire travailler pour le bien, suivant l'énergique expression d'un savant anglais, les éléments putrides qui travaillent aujourd'hui pour le mal, voilà le but à atteindre. Si l'on a trouvé trop longue cette interminable énumération de tous les fléaux que l'hygiène publique doit combattre, s'il nous a fallu rappeler les opérations immondes qui s'accomplissent dans la vie souterraine des villes, décrire la décomposition dont les cimetières sont le théâtre, analyser l'origine de toutes les puanteurs que les agglomérations humaines entassent sur leurs côtés, on reconnaîtra du moins qu'un tel examen est digne d'attention. Les médecins ont été chercher bien loin le germe du choléra, aux bouches du Gange, dans les plaines de l'Hedjaz, encombrées de population à l'époque du grand pèlerinage annuel. Le germe, il est peut-être là ; mais les circonstances qui le font fructifier et le propagent, elles sont ici ; elles sont chez nous, non chez les mahométans. Il importe peu que les quarantaines soient rendues plus ou moins rigoureuses, car le véritable cordon sanitaire est celui qu'il dépend de nous d'établir autour de nos habitations. L'épidémie couve, grandit et éclate, mal soudain et terrible, dans nos rues infectes, dans nos maisons insalubres, dans les cloaques immondes dont nous supportons patiemment le voisinage ; elle s'alimente des impuretés de cette harpie moderne, la vie municipale et industrielle, dont on ne s'avise pas assez à temps de conjurer les fétides émanations. Si l'on a bien voulu nous suivre au milieu de ces horreurs repoussantes, on trouvera sans doute que le sujet mérite d'être approfondi, malgré le dégoût qu'il inspire.

Section III

L'air, la terre et l'eau sont, on l'a vu, les véhicules ordinaires de l'infection industrielle et municipale. Toutefois ces trois éléments ne subissent pas au même degré ni de la même façon l'influence pernicieuse des fabriques et de la vie animale. Bouleversée par les vents, l'atmosphère se purifie pour ainsi dire d'elle-même, ou tout au moins les germes putrides se dispersent si bien aux quatre coins de l'horizon, que le mal ne subsiste pas après que la cause s'en est évanouie, puis tôt ou tard les particules solides qui flottent en l'air retombent sur le sol en vertu de la pesanteur et se déposent sous forme de poussière. Quoique moins fluide, l'eau se renouvelle aussi, et, mieux encore, s'épure en abandonnant aux aspérités du terrain les matières quelle charrie ; filtre-t-elle à travers une couche de sable ou de gravier, elle se débarrasse de tout ce qui altère sa saveur et sa couleur, ou diminue sa limpidité. L'air renfermé et l'eau stagnante échappent seuls à cette loi universelle de purification spontanée.

Les substances nuisibles dont l'air et l'eau s'affranchissent grâce à leur incessante mobilité, où les retrouvera-t-on en dernière analyse ? Dans le sol, c'est le sol qui est le dernier réceptacle des parcelles putrescibles que l'air et l'eau n'ont fait que transporter ; c'est dans le sol qu'elles subissent une dernière élaboration, ensuite de laquelle elles redeviennent inoffensives, soit qu'elles se transforment peu à peu en matières inertes on s'alliant à l'oxygène de l'atmosphère, soit qu'elles se laissent assimiler par les plantes, dont elles sont un élément constituant. Il faut donc en revenir toujours à purifier le sol. Brûler les débris organiques par une brusque combinaison avec des réactifs chimiques, les laisser se consumer à l'air libre, abandonnés à l'action tardive et mystérieuse de la nature, ou bien les restituer au règne végétal qu'ils alimentent, on a le choix entre ces trois procédés. Le premier est barbare, puisqu'il détruit ce qui peut servir, et d'ailleurs il est en général trop coûteux ; le second est si lent qu'il cesse souvent d'être efficace. Le dernier système résout seul le problème de la désinfection, et, ce qui n'est pas à dédaigner, il le résout au profit de l'homme lui-même, en donnant un utile emploi à des résidus dangereux ou incommodes ; „ Considérons le sol d'une grande cité où s'épanchent toutes les causes d'infection, résidus des fabriques, immondices des hommes et des animaux, eaux ménagères. Voilà ce qu'il faut faire disparaître et convertir, s'il est possible, en matière fécondante, sans que l'odorat ni la vue en soient gênés. La difficulté d'y réussir dépend beaucoup des circonstances locales, telles que la pente et la nature du terrain, l'abondance des eaux pures et la sécheresse du climat. En exposant d'abord le principe de la méthode qu'une nouvelle école sanitaire a fait prévaloir en Angleterre, nous ferons mieux comprendre le but que l'on doit se proposer. On se rendra compte ensuite des inévitables obstacles auxquels on vient se heurter, quand on veut appliquer ce système à des cas particuliers.

Ce principe n'est autre que le drainage, dont on n'a guère fait jusqu'à ce jour l'application qu'aux terres en culture, et encore sur une échelle trop restreinte. Le drainage est de mode le plus efficace d'assainir le sol des villes, Non-seulement il assèche le terrain en rétablissant le cours des eaux qui l'imbibent, mais encore il permet à l'air de circuler dans les couches souterraines et d'y détruire par une combustion lente les germes de pourriture qui s'y accumuleraient. En Angleterre, on a proclamé la nécessité de drainer d'une façon systématique les surfaces occupées par des constructions ; à Glasgow, on ne bâtit plus une maison sans en avoir au préalable drainé le sous-sol. Le drainage sous les maisons tarit les nappes d'eau souterraines, préserve les caves et la maçonnerie des fondations, et combat avec succès l'humidité excessive qui rend souvent les rez-de-chaussée inhabitables. Dans les cimetières, la décomposition des corps s'en trouve favorisée ; les odeurs pénétrantes que les tombeaux exhalent deviennent moins actives, et par conséquent la salubrité du voisinage est améliorée. Les alentours des dépôts d'immondices, des puisards et des conduites de gaz d'éclairage perdent l'indicible odeur qui les signalait. C'est en résumé un procédé d'aérage qui pénètre jusqu'aux couches sous-jacentes du terrain. La même méthode d'assainissement appliquée aux jardins publics en raffermit la surface au grand avantage des promeneurs.[1] Les arbres qui les ornent en prospèrent aussi d'autant mieux. Chacun sent combien il est nécessaire d'entretenir de la végétation au sein des villes pour reposer la vue, purifier l'atmosphère et enlever au sol les principes altérables qu'il contient ; mais la difficulté de faire vivre des arbres dans un sol compacte et mal aéré a souvent mis obstacle aux améliorations de ce genre.

---

1 On peut juger d'après l'état où se trouve par exemple le jardin des Tuileries à Paris, à la suite d'une pluie abondante, de l'utilité qu'il y aurait à donner aux eaux un rapide et facile écoulement. Les plantations publiques de la ville sont asséchées par des moyens particuliers et même drainées, lorsque la nature du sol l'exige. Il n'en est pas de même des Tuileries et du Luxembourg, qui ne sont pas du ressort de l'administration municipale.

Il ne s'agit jusqu'ici que de tuyaux perméables ayant pour but de recueillir les eaux plus ou moins pures dont le terrain est naturellement imbibé, ou, si l'on veut, d'égoutter le sol et d'y faire circuler l'air. Il est indispensable en outre de consacrer un réseau de tuyaux imperméables à l'écoulement des eaux corrompues dont le pavé de la rue veut être débarrassé. Nos égouts actuels ne sont que l'ébauche de ce que devrait être ce second système de tuyaux, qui est la partie vraiment neuve du système. En définitive, nous en arrivons à distinguer deux sortes de drainage : le drainage perméable pour les eaux saines, et le drainage imperméable pour les eaux insalubres. Si l'on veut bien saisir l'agencement de cette nouvelle méthode d'assainissement, il convient de considérer comment elle serait appliquée au cas presque idéal d'une ville où tout serait à faire. C'est ce que nous allons exposer.

Le système complet se compose de quatre réseaux distincts de conduites souterraines. Le premier réseau, qui est perméable, va recueillir les eaux pures et douces qui filtrent dans la campagne en dessous des couches de sable et de gravier ; il les amène dans la ville par un tuyau fermé et les distribue à chaque maison, en sorte que chaque habitant trouve la source elle-même transportée chez lui. Plus de citerne, plus de réservoir ; l'eau arrive quand on en a besoin, cesse de couler quand elle n'est plus utile ; une simple manœuvre de robinet en arrête ou en rétablit le cours. Cette eau, on l'a déjà compris, va devenir le véhicule de toutes les impuretés que la cité produit. Quand elle s'est enrichie, — autrefois nous aurions dit empoisonnée, mais nous avons changé de point de vue, — par les résidus de tout genre que la population lui abandonne, elle échappe par un second réseau de tubes souterrains ; ceux-ci sont imperméables, afin de ne rien perdre en route des substances fécondantes que le liquide entraîne. En chaque habitation s'entrouvrent plusieurs orifices, l'un pour la fosse d'aisances, l'autre pour la pierre d'évier, un troisième pour les eaux de lavage de la cour et de l'appartement. Tous ces tuyaux rudimentaires s'abouchent sur un plus gros qui est commun à tout un groupe de maisons, puis celui-ci communique avec un plus gros encore, sorte d'égout collecteur à petite section, qui conduit hors ville les éléments nuisibles noyés dans une immense quantité d'eau. Rien d'impur ne souille plus la chaussée des rues et ne pénètre plus à travers les interstices du pavé, Les matières susceptibles de choquer l'odorat, de corrompre l'atmosphère, d'engendrer la maladie, sont enlevées par le courant sans être restées stagnantes un seul instant et sans avoir eu le temps de se décomposer ou d'émettre des gaz nauséabonds.

Par ce moyen, le sol de la ville est préservé d'infiltrations pernicieuses ; mais le flot incessant d'eaux résiduaires que déverse le gros collecteur du drainage urbain, que va-t-il devenir ? Le rejeter dans une rivière ou dans un puits absorbant, ce serait, on le sait maintenant, répandre plus loin l'infection, dont la ville est délivrée, et ce serait aussi sacrifier en pure perte les boues fécondantes dont l'égout est devenu l'issue régulière. Comme ces eaux impures se trouvent à un niveau inférieur, une machine à vapeur les refoule dans un troisième réseau de tubes, imperméable de même que le second, qui les conduit souterrainement aux champs du voisinage. L'engrais liquide, soumis à une pression énergique, jaillit çà et là au milieu des jardins maraîchers et des prairies, et retombe en pluie sur la terre ensemencée. Les immondices ne sont plus emmagasinées nulle part, ou plutôt le sol cultivé en devient le magasin et l'épurateur naturel. Très peu d'heures après avoir été produites, les matières stercorales sont déjà transportées à la campagne et disséminées sur une immense surface. Ce n'est pas tout. La terre qui reçoit toute l'année les déjections d'une ville finirait elle-même par se saturer, si l'on n'y remédiait à temps. Dans les conditions où ce système a été mis en pratique dans la Grande-Bretagne, certaines prairies soumises à une irrigation continue reçoivent annuellement jusqu'à 20,000 mètres cubes d'eau d'égouts par hectare. Il serait donc à craindre qu'il n'y eût parfois excès d'arrosage. L'enlèvement de l'excès d'eau, dernier anneau de cette chaîne d'opérations, s'effectue par un quatrième réseau de tuyaux souterrains, qui n'est autre qu'un drainage ordinaire. Le liquide boueux versé à la surface filtre jusqu'à ces derniers tuyaux en se dépouillant au profit du sol des substances fertilisantes qu'il recèle. L'eau revient à la rivière pure, inodore et inoffensive.

Tel est le programme théorique du système d'assainissement à circulation continue pour lequel on s'est passionné en Angleterre et dont la petite ville de Rugby entre autres a fait une application très complète qui l'a rendue célèbre. Certes l'idée d'enrichir la terre en l'irriguant n'était pas neuve. Le Nil fertilise l'Égypte depuis un temps immémorial ; on voit à Ceylan des ruines gigantesques de réservoirs et de tuyaux qui avaient été disposés pour l'arrosage du sol par une race d'hommes éteinte aujourd'hui ; les Chinois, détournent, pour répondre au même besoin, les eaux de leurs rivières et de leurs canaux. Il y a cependant quelque chose d'original à employer à cet usage les eaux ménagères d'une ville, et sans doute ce ne fut pas une idée si simple qu'il paraîtrait, puisqu'il a fallu, venir à notre époque pour en voir la première application. Edimbourg en offre, dit-on, l'exemple le plus ancien. Les liquides d'égouts y sont répandus sans qu'il soit besoin de les élever artificiellement, sur des prairies en contre-bas de la ville, que cet engrais puissant a rendues magnifiques. On en jugera par le résultat obtenu ; Le nombre des coupes de foin est de trois ou quatre par an, et ces prairies, découpées en petits lots, sont affermées au prix incroyable de 1,100 francs l'hectare. L'accroissement de valeur que la terre acquiert par ce traitement est en général si considérable que l'organisation des réseaux de drainage urbain se transforme en une opération industrielle avantageuse, et que les cités où le système est établi dans de sages conditions se créent par là une abondante source de revenus. On estime que l'eau d'égout, rendue au lieu d'arrosage, vaut environ 20 centimes par mètre cube. Ce n'est pas un chiffre insignifiant, si l'on fait attention qu'en bien des localités ces eaux sont considérées comme un fléau dont les municipalités ne savent comment se débarrasser.

Après avoir exposé l'idée en quelque sorte théorique qui doit présider à l'assainissement des agglomérations humaines, après avoir montré ce qu'il y aurait de mieux à faire dans une localité où tout serait à créer ; il convient de s'en tenir à un type moins général, et de dire comment on s'y est pris en certaines villes dont les travaux municipaux méritent à juste titre d'être étudiés par le détail. Étant admis le principe que les immondices doivent être noyées dans une grande quantité d'eau et entraînées par un courant sans cesse renouvelé, il faudrait peut-être examiner d'abord les divers ouvrages qui ont pour but d'approvisionner les villes d'eaux pures et abondantes ; mais cette question exige de tels développements qu'elle ne doit pas être traitée d'une façon incidente ; nous y reviendrons plus tard. Nous ne nous occupons en ce moment que d'évacuer les eaux dont le terrain est imbibé, soit qu'il s'agisse des eaux ménagères et industrielles dont le contact est insalubre, des eaux d'infiltration nuisibles par l'humidité qu'elles engendrent ou simplement des eaux pluviales, qui ne deviennent gênantes que par instants, lorsqu'elles acquièrent un volume tel qu'elles engorgent les tuyaux de conduite qui leur sont destinés.

Quoique l'idée d'assainir par un drainage perméable les sous-sols des terrains bâtis soit encore bien nouvelle, les villes de la Grande-Bretagne ont eu souvent recours à ce mode efficace de dessèchement et de désinfection ; mais elles sont surtout remarquables par l'extrême développement que reçoivent les réseaux imperméables. Le système moderne à circulation continue a pris d'autant plus d'extension qu'il est plus économique que l'ancienne méthode. Il n'exige pas en effet la construction de larges galeries souterraines en maçonnerie, comme on en faisait autrefois, et comme il en faut encore dans les grandes cités. On se contente de placer sous le pavé des rues des tubes en poterie d'un diamètre relativement médiocre. Les petites localités de l'Angleterre sont donc en avance sur celles de notre pays, et la propreté de la voie publique contraste avec ce que nous ayons coutume de voir en France autour de nos habitations. Ce n'est pas seulement l'intérieur des cités qui a été doté de moyens spéciaux d'égouttage ; les longs faubourgs qui s'étendent autour des centres industriels jusqu'à plusieurs kilomètres de distance, bordés de chaque côté par d'élégantes maisons où les négociants se retirent après l'heure des affaires, sont toujours pourvus d'un canal souterrain où les eaux sales et les eaux pluviales vont se perdre. Les grandes villes, où l'œuvre du nettoyage est une entreprise plus difficile, ont fait aussi de coûteux travaux d'assainissement. Cependant ce n'est pas là qu'il faut aller chercher un exemple de drainage bien complet parce que l'ensemble reste souvent imparfait. Les villes de la Grande-Bretagne, et surtout la métropole, se divisent en paroisses, dont les administrations distinctes savent rarement s'entendre et coordonner leurs travaux en un projet commun. A Paris au contraire, grâce à un plan bien conçu, on trouvera le modèle de ce qui peut être exécuté de plus achevé sous ce rapport.

Il semblerait tout d'abord qu'une ville assise, comme l'est Paris, sur les deux rives d'un grand fleuve, doit se débarrasser sans peine des immondices qui la souillent, en dirigeant ses ruisseaux et ses égouts vers le puissent cours d'eau qui la traverse. Il en fut longtemps ainsi. Le fleuve était l'émissaire de toutes les impuretés de l'ancien Paris. Les fossés d'écoulement n'étaient d'ailleurs aux siècles passés que ce qu'ils sont encore en beaucoup de villes, de simples rigoles creusées à travers les rues ou les champs en culture, des sentines infectes où les eaux déposaient la fange dont elles étaient surchargées. Le premier progrès fut d'en niveler le lit et en maçonner les parois. En 1374, Hugues Aubriot, prévôt des marchands, fit mieux encore ; il couvrit d'une voûte la plus importante de ces rigoles, et en fit par conséquent quelque chose d'analogue à nos égouts actuels. Toutefois, soit que cette amélioration fût peu appréciée ou soit qu'elle parût trop onéreuse, les galeries souterraines prirent peu d'extension. Le ruisseau de Ménilmontant, qui coulait de l'est à l'ouest entre la butte Montmartre et la butte des Moulins, et dont l'assainissement devait importer au plus haut point à la salubrité publique, ne fut revêtu de murs et voûté qu'au milieu du XVIIe siècle. On l'appela dès lors grand, égout de ceinture, nom qu'il conserve, bien qu'il ne joue plus qu'un rôle secondaire dans l'ensemble du drainage parisien. Pendant la première moitié de notre siècle, tous les égouts à ciel ouvert disparurent : la Bièvre, dont les eaux corrompues par les résidus des tanneries donnaient lieu à des plaintes justifiées, fut élargie, redressée et couverte en partie ; mais ces divers travaux manquaient d'unité, faute d'être exécutés d'après un plan général arrêté d'avance, et ne s'accordaient pas toujours entre eux. Dès le début du règne actuel, la question du drainage parisien fut envisagée d'un point de vue plus élevé et résolue avec une ampleur magistrale. On aimera peut-être à savoir en quoi consiste cette entreprise gigantesque, aujourd'hui presque terminée, à laquelle la canalisation de l'ancienne Rome mérite seule d'être comparée.[1]

Il n'est pas facile d'apprécier du regard le relief du sol de Paris, car les édifices en masquent les ondulations. Essayons toutefois d'en donner une idée sommaire. La Seine occupe le fond de la vallée, ce que les topographes désignent sous le nom de *thalweg*, chemin du ruisseau ; à droite et à gauche, le terrain se relève, mais non

---

1 Voyez les mémoires présentés par le préfet de la Seine au conseil municipal de Paris, le 4 août 1854 et le 16 juillet 1858.

pas avec une pente uniforme. Sur la rive gauche, on distingue trois vallons secondaires, dont le plus important, qui est le plus occidental, se prolonge au loin et donne passage à la petite rivière de Bièvre. Ces vallons sont séparés l'un de l'autre par la montagne Sainte-Geneviève, et par une colline assez basse que domine l'église Saint-Germain-des-Prés. Sur la rive droite, entre les hauteurs de Montmartre et de Beaujon au nord, les buttes Bonne-Nouvelle et des Moulins au midi, s'étend une longue et étroite vallée dont le fond était occupé jadis par le ruisseau de Ménilmontant, transformé depuis en égout ; cette vallée latérale à celle de la Seine, vient rejoindre cette dernière au pied de Chaillot. Quant au versant des collines qui regarde le fleuve, des exhaussements de terrain, naturels ou artificiels, en rendent la surface assez accidentée, et isolent en amont une sorte de plaine, autrefois marécageuse, à laquelle la tradition a conservé le nom de Marais. Que l'on se rappelle maintenant que les eaux d'égout doivent s'écouler sur une pente à peu près uniforme, que l'on fasse encore attention que le débouché en Seine devait être proscrit, si ce n'est pour les eaux pluviales, afin de préserver la pureté du fleuve, et l'on se rendra compte des difficultés que présentait le drainage de la capitale.

Prenons les eaux ménagères à leur origine, et nous les suivrons jusqu'à l'extrémité du réseau souterrain. En vertu du décret du 26 mars 1852 sur la grande voirie de Paris, toutes les maisons doivent être disposées de façon à rejeter dans l'égout, par une issue directe, les eaux pluviales et ménagères. Cette prescription si sage n'a pas reçu une application générale, tant il est difficile d'innover en tout ce qui touche aux mœurs et aux habitudes ; d'ailleurs, beaucoup de voies publiques étant encore privées d'égouts, l'exécution en devait être différée. Toutefois ce n'est qu'affaire de temps. Autour de chaque îlot de maisons, sous le solde chaque rue, il doit donc y avoir une galerie souterraine, de forme ovoïde et de 2m30 de haut sur 1m30 en sa plus grande largeur. De chaque côté se détachent des embranchements latéraux qui s'avancent jusqu'au mur de face des fondations ou pénètrent même sous les maisons, et recueillent les liquides impurs de la surface supérieure. Ces galeries, qui sont les plus étroites du projet actuel, débouchent en des canaux plus larges que l'on nomme collecteurs. Il y en a sept en tout, dirigés de l'est à l'ouest, avec une pente suffisante pour que les immondices ne puissent jamais s'y accumuler. Chacun d'eux dessert l'ensemble des rues et des quartiers compris entre deux lignes de hauteurs. Ainsi l'un d'eux, qui suit toute la longueur de la rue de Rivoli, assèche la dépression du Marais ; un autre, sur le quai de la rive gauche, absorbe les eaux de la Bièvre. Ces collecteurs ont des dimensions variables, suivant le volume d'eau qu'ils doivent débiter et l'étendue de la surface du soi à laquelle ils correspondent. Loin d'en exagérer inutilement la largeur, on s'aperçoit déjà que les premiers construits, avec une section jugée à cette époque excessive, sont plus étroits qu'il ne faudrait. L'intérieur de ces voies souterraines est au reste fort propre, en dépit du hideux contingent qu'elles recueillent. Les liquides impurs s'écoulent au milieu du canal entre deux banquettes sur lesquelles les ouvriers de service circulent à pied sec ; au sommet sont suspendus des tubes qui distribuent l'eau claire aux divers quartiers de la capitale. On songe à y installer aussi les conduites du gaz d'éclairage, afin d'en faciliter la surveillance et d'éviter les excavations qu'il est nécessaire, de temps à autre, de creuser dans les rues pour réparer ces tuyaux.

Les cinq collecteurs de la rive droite se réunissent sur un tronc commun qui va de la place de la Concorde à la place Laborde ; les deux de la rive gauche viennent se joindre aux précédents après avoir traversé la Seine au moyen d'un énorme siphon enterré dans le lit du fleuve à 2 mètres au-dessous des plus basses eaux. Les liquides impurs que produit la ville entière se réunissent donc là. Rejeter, ce torrent noir et infect dans la Seine, auprès du pont de la Concorde, on n'y pouvait songer ; les eaux en eussent été corrompues, au grand préjudice des bains, des lavoirs et des autres industries qui vivent sur le fleuve ; même la salubrité des habitations qui bordent les deux rives en eût été compromise. On ne pouvait non plus prolonger les collecteurs le long du quai jusqu'en dehors des fortifications, car la pente des égouts doit être assez raide pour que le courant y soit toujours rapide, et le niveau doit être assez élevé pour que les grandes crues de la Seine ne refluent pas à l'intérieur. Or, si l'on jette les yeux sur une carte des environs de Paris, on remarquera que la Seine, après avoir décrit un long trajet qui la mène jusqu'à Sèvres, se replie sur elle-même en se rapprochant de l'enceinte des fortifications, si bien que le pont d'Asnières n'est distant de la place de la Concorde que de 5 kilomètres en ligne droite, bien qu'il en soit séparé par vingt kilomètres de rivière. A conduire vers ce point le produit des égouts collecteurs, il y avait encore l'avantage de ne pas souiller le fleuve dans le voisinage d'importants centres de population, tels que Auteuil, Boulogne, Saint-Cloud, Courbevoie et Neuilly. Le grand collecteur ou émissaire général fut dirigé de la place Laborde vers Asnières, en traversant par un tunnel les hauteurs de la barrière Monceau, qui séparent ces deux points extrêmes. Cette galerie souterraine, qui mesure 5m60 de large sur 4m40 de haut, est la plus grandiose que l'on ait jamais creusée pour un tel usage ; elle surpasse en dimension la *Cloaca maxima*, fameuse dans l'antiquité, que Tarquin construisit entre le Forum et le Tibre en vue d'assainir les rues de l'ancienne Rome.

Ce n'est point dans un vain esprit de magnificence que ces canaux, ignorés du public, ont été construits avec des dimensions extraordinaires. Tout a été calculé, qu'on le sache bien, la pente et le niveau du chenal, la hauteur des voûtes, la largeur de la cuvette qui reçoit les eaux sales et des banquettes qui permettent aux ouvriers une circulation facile ; tout a été combiné d'avance, non pas, il est vrai, dans la juste proportion des besoins du moment, mais avec une sage appréciation des exigences que l'avenir imposera. Le drainage d'une grande cité n'est pas une œuvre à recommencer souvent ; les égouts de Rome subsistent encore, après vingt-cinq siècles comme un témoin indestructible que les premiers édiles de la capitale du monde ont laissé de leur prévoyante sollicitude. Il serait trop long d'exposer toutes les circonstances dont l'ingénieur a dû tenir compte ; nous dirons simplement que l'ampleur des galeries était commandée par le besoin de donner un prompt écoulement aux effrayantes masses d'eau qu'une pluie d'averse amène en un instant dans les ruisseaux. La plus forte pluie que l'on ait observée de notre temps, celle du 8 juin 1849, a fourni en une heure 45 millimètres de hauteur d'eau, soit 450 mètres cubes par hectare et près de 1,500,000 mètres cubes pour la surface entière de Paris, telle qu'elle était à cette époque, avant l'annexion des zones suburbaines. Ce qui se passe en pareille circonstance, personne ne l'ignore : les égouts s'emplissent jusqu'à la voûte, les rues sont transformées en rivières et les boutiques ont peine, en certains quartiers, à se garantir de l'inondation. On a voulu que le nouveau drainage pût prévenir de si graves inconvénients, et comme les collecteurs, si larges qu'on les a faits, ne sauraient suffire à débiter les torrents d'eau pluviale que chaque galerie secondaire lui amène, on a pris soin de ménager entre les égouts et la Seine des canaux de communication accessoires, qui sont clos en temps ordinaire et ne s'ouvrent que pour livrer passage au produit des pluies exceptionnelles.

Tant en galeries étroites qu'en larges collecteurs, le réseau, souterrain de Paris, lorsqu'il sera complet, n'aura pas moins de 600 kilomètres d'étendue, ce qui est à peu près la longueur totale des rues, boulevards et autres voies publiques. Les anciens égouts sont ramenés au type définitif, à mesure que l'on a l'occasion de les reconstruire ou de les réparer. Tous ces canaux, revêtus de ciment à surface lisse et brillante, laissent glisser les liquides sans retenir aucune ordure. Les eaux impures s'écoulent avec une vitesse calculée de façon à ne pas abandonner en route les immondices qu'elles entraînent. Des dispositions ingénieuses permettent d'opérer le curage du chenal, sans que les passants qui circulent dans les rues s'aperçoivent des opérations répugnantes accomplies sous leurs pas. Enfin, tout ce qui contribue à maintenir la propreté de cette seconde ville souterraine a si bien été compris, que les bouches ouvertes sur la voie publique ne dégagent plus nulle odeur nauséabonde.

Il faut bien dire qu'un si grand résultat ne s'obtient qu'au prix de dépenses considérables. Le drainage de Paris aura coûté de 30 à 40 millions de francs, dont environ moitié payé par le budget de la ville, le reste étant à la charge des propriétaires que l'œuvre intéresse. Si nous rapportons ce chiffre, ce n'est pas toutefois avec l'intention de décrier une entreprise qui profite plus que toute autre à la population ; seulement on comprendra que peu de villes en France et même en Europe aient le pouvoir de pratiquer, au même degré le nettoyage et l'égouttement de ses voies publiques. M. de Freycinet le déclare avec raison, « dans cette canalisation de Paris, tout est exception, ou, pour mieux dire, tout est un modèle que les autres villes ne peuvent songer qu'à imiter de loin. »

Après avoir accordé de justes éloges tant au plan qu'à l'exécution de ces immenses travaux, on doit néanmoins observer qu'il y existe encore une lacune importante, puisque les immondices qu'évacue l'émissaire principal tombent dans la Seine, qui en est infectée, et sont soustraites à l'agriculture, qui en saurait profiter. Le programme posé par l'école anglaise n'a été réalisé qu'à moitié. Des documents officiels, une récente discussion du sénat, ont fait connaître que la seconde partie du problème est à l'étude. Il n'est pas impossible que les eaux des égouts de Paris soient consacrées à l'arrosage des terres, comme cela se fait dans les *Craigentinny meadows* d'Edimbourg depuis longtemps, et aux environs de Londres depuis peu d'années. Toutefois nous devons montrer en quelques mots combien la question se complique quand il s'agit de la capitale de la France, d'une ville de près de 2 millions d'habitants. Les eaux se trouvent, au débouché d'Asnières, à un niveau si bas que très peu de champs pourraient les recevoir de premier jet, et ces champs sont de même que toutes les terres des environs de Paris, morcelés en une infinité de parcelles qui n'admettraient pas toutes ce mode d'arrosage. Serait-il possible de déféquer ces eaux par un mélange avec des réactifs chimiques et de réduire à un petit volume le précieux engrais qu'elles recèlent ? Mais on a objecté que l'ammoniaque, gaz éminemment volatil, qui est le principe essentiel au point de vue agricole, s'évaporera en grande partie pendant la durée de ces manipulations chimiques, et que le résidu livré à la terre ne gardera, comme les produits de la voirie de Bondy, qu'une minime fraction d'effet utile. D'ailleurs on ne doit pas oublier que le grand collecteur débite 200,000 mètres cubes par vingt-quatre heures, lors même que le courant n'en est pas accru par les pluies. Rien que la construction des bassins de dépôt propres à emmagasiner cette énorme masse serait une difficulté sérieuse. Il serait donc permis de ne pas avoir confiance en l'efficacité des désinfectants et de s'effrayer des obstacles que rencontrerait l'exécution d'un tel projet, s'il n'était appuyé et recommandé par d'illustres savants. Les Égyptiens connaissaient de toute antiquité la propriété que possède l'alun de clarifier les eaux troubles, et ils l'employaient pour rendre potables les eaux limoneuses du Nil. L'alun coûte cher, mais le sulfate d'alumine, qui en est la base, peut être obtenu à très bon marché, si l'on en fabrique de grandes quantités par des procédés industriels. Les liquides, brassés avec une faible dissolution de cette substance, s'épurent en quelques minutes ; les détritus tombent au fond et peuvent être recueillis à part ; l'eau, redevenue claire et débarrassée de la presque totalité des matières putrescibles, peut être rejetée dans le fleuve sans inconvénient ou employée, si on le préfère, à des irrigations. Les expériences qui se poursuivent démontreront si ce système d'épuration est efficace.

Une autre solution, conçue sur un plan plus large, a été présentée par un ingénieur des ponts et chaussées, M. Mille. Le bassin de la Seine est, dit-il, une alluvion maigre et peu fertile, qui ne porte guère qu'une végétation forestière ; les bois de Boulogne et du Vésinet, la forêt de Saint-Germain, témoignent que ces champs de cailloux et de gravier conviennent mal, en l'état actuel, à des cultures perfectionnées. Au-dessus des grèves, au nord de Paris, s'étendent les plaines calcaires de l'Ile-de-France, qui fournit, près de la ville, les légumes dont elle a besoin, et plus loin des céréales. Au sud-est se trouve la Brie, plateau argileux où prospèrent les cultures industrielles et au sud-ouest la Beauce, qui est aussi un grenier à céréales. Quels engrais réclament toutes ces terres ? A la Brie et à la Beauce, il faut des liquides concentrés analogues à l'engrais humain des Flandres ; l'industrie maraîchère veut des eaux riches et tièdes qui exciteront ses primeurs et doubleront ses récoltes ; les graviers de la Seine seraient transformés en prairies par des eaux troubles qui colmateraient leur surface. Le collecteur d'Asnières peut donner tout cela ; seulement il s'ouvre à 10 mètres au-dessous des graviers, à 100 mètres et même à 150 mètres au-dessous des plaines environnantes. Il faudrait donc en remonter les eaux à 10 mètres, 100 mètres ou 150 mètres au-dessus du niveau du débouché actuel. Les petites villes de l'Angleterre qui ont adopté le drainage à circulation continue n'ont pas eu de peine à rejeter les eaux d'égouts sur des terrains cultivés ; la masse à remuer étant faible, une petite machine à vapeur suffit toujours pour les refouler à la hauteur des prairies irrigables, et la valeur de l'engrais couvre les frais de l'opération, à moins que les ingénieurs ne commettent la faute de créer une installation trop luxueuse ; mais à Paris, avec 200,000 mètres cubes par jour au minimum, l'obstacle est bien autrement grave, parce qu'il faudrait des machines colossales pour mouvoir les pompes. M. Mille prétend créer un moteur peu dispendieux au moyen de roues hydrauliques que l'on établirait sur le cours de la Seine, au pied des barrages que nécessite l'intérêt de la navigation. La solution ne serait autre que celle adoptée à Marly par les ingénieurs de Louis XIV pour alimenter d'eau les bassins de Versailles, sauf les perfectionnements que l'art mécanique a réalisés depuis deux cents ans. Faire naître au débouché du vomitoire d'Asnières une force motrice naturelle de 2,400 chevaux, relever les liquides impurs par ce colossal engin jusqu'au niveau des plaines de la Beauce et de la Brie, creuser dans la campagne tout un système de réservoirs et de rigoles de distribution d'où s'écoulerait l'eau chargée de principes fécondants, voilà, le projet grandiose qui compléterait l'assainissement de Paris.

L'exécution en serait soumise à bien des incertitudes. Quand on a. proposé de faire servir la force motrice des barrages de la Seine à l'élévation et à la distribution de l'eau pure dans la capitale, les ingénieurs municipaux ont avec raison critiqué ce mode d'alimentation, qui serait exposé à de fâcheuses éventualités d'intermittence pendant la durée des grandes crues, Le même inconvénient se représenterait ici, bien qu'avec un moindre caractère de gravité. Où gît la difficulté, qu'on ne le perde pas de vue, c'est dans l'énormité de la masse de liquide à remuer ; à ce point de vue, on regrettera peut-être plus tard d'avoir centralisé dans un seul émissaire le produit de tous les égouts de Paris, au lieu de le répartir entre plusieurs points et à plusieurs niveaux différents.

Et cependant le drainage parisien ne remplit encore qu'une partie des fonctions que les ingénieurs lui réservent et que la force des choses même lui attribue ; il ne recueille pas les ordures ménagères et les immondices des rues, il ne reçoit que les eaux vannes des vidanges, dont la portion excrémentitielle est séparée est enlevée à part par des moyens que notre état de civilisation désavoue. Tout cela reviendrait à l'égout, si l'on n'était embarrassé du torrent infect que vomit déjà le collecteur d'Asnières. Nous ne saurions prévoir comment la difficulté sera résolue ; il nous suffit d'avoir montré combien la question de nettoyage s'amplifie dans une cité de deux millions d'habitants, quels obstacles elle rencontre, et quels heureux résultats ont été réalisés jusqu'ici ou le seront plus tard par un ensemble de travaux admirables.

Il ne nous reste plus qu'à résumer les renseignements que nous a fournis cette longue étude sur l'insalubrité des fabriques et des villes. On a vu que l'industrie est en bonne voie, puisque chacun de ses perfectionnements marque un progrès sanitaire, et que la condition hygiénique des ouvriers qu'elle occupe, loin de s'aggraver, comme on l'a dit quelquefois, devient chaque jour meilleure ; mais on a vu aussi que nombre d'usines sont encore une juste cause d'effroi pour le voisinage, que les prescriptions réglementaires qui les régissent sont souvent éludées ou mal comprises, qu'une surveillance effective déterminerait de nouvelles améliorations, et qu'il y a sous ce rapport une lacune dans la législation française. L'hygiène des centres de population, grandes villes ou simples bourgades, ne se présente pas non plus sous un aspect satisfaisant. Si quelques municipalités ont entrepris d'onéreux travaux d'embellissement, il est rare que la question de salubrité ait été embrassée dans son ensemble, traitée dans ses détails essentiels. Sans en excepter Paris, où cependant les progrès ont été plus sensibles que partout ailleurs, nulle part le difficile problème d'un assainissement rationnel n'a été résolu d'une façon complète. Les cimetières, souvent malsains, n'assurent pas toujours aux dépouilles humaines la rapide transformation en poussière qui est la dernière marque de respect que nous puissions payer aux morts. Les eaux d'égouts, — quand les villes ont des égouts, — infectent les rivières. Notre système de vidanges le plus parfait choque ce qu'il y a de délicat en nous et nuit à la santé publique. En un mot, tout ce que la vie industrielle ou municipale produit de résidus et de déjections conspire à vicier l'air, l'eau et la terre, la terre surtout, qui accumule indéfiniment les germes de putréfaction dont nous l'imprégnons à chaque instant. Enfin, en regard de tous ces maux, il convient de placer l'intérêt de l'agriculture, dont les plus riches engrais sont gaspillés sans profit.

Ce n'est pas aujourd'hui que les vices de notre incurie municipale sont indiqués pour la première fois. Il y a vingt ans, M. Chevreul, dans un mémoire sur l'hygiène des cités populeuses,[1] démontrait avec l'autorité de son expérience scientifique que les débris organiques tendent à porter l'infection dans les touches terrestres qu'elles pénètrent. Il annonçait les dangers que créent la décomposition des cadavres, les infiltrations des fosses d'aisances, les conduites du gaz d'éclairage, et recommandait le lavage incessant des ruisseaux des rues au moyen de bornes-fontaines,

---

1 Voyez les Comptes-rendus de l'Académie des Sciences, 2e semestre 1846.

l'éloignement des cimetières et des voiries, l'aérage du sol par le drainage, — conseils stériles que l'influence du savant ne suffisait pas à imposer aux administrations municipales. Depuis, l'infection s'est sans cesse accrue, à mesure que les agglomérations humaines se développaient. De redoutables épidémies sont venues prouver qu'il y a urgence, et qu'il est grand temps d'en venir à un meilleur régime sanitaire. L'enquête scientifique dont M. de Freycinet a été chargé en Angleterre, en France et sur les bords du Rhin prouve que le gouvernement s'est préoccupé d'un si triste état de choses. Qu'il nous soit permis d'exprimer l'espoir que les laborieuses et intéressantes recherches de cet ingénieur ne resteront pas stériles, et que les municipalités de notre pays, éclairées par l'exemple de nos voisins d'outre-Manche, encouragées par le concours de l'état, incitées par l'opinion publique, n'hésiteront, plus à laver les impuretés qui s'amoncellent autour de nos demeures et à prodiguer dans l'intérieur des villes l'air, l'eau, la lumière et la verdure. C'est une grande œuvre dont l'accomplissement n'intéresse pas que le bien-être matériel, car l'homme dont les pieds ne plongent plus dans la fange, dont la poitrine ne respire plus un air vicié et nauséabond, est mieux disposé à accueillir les graves et austères enseignements par lesquels on s'efforce, non sans succès, de combattre l'infection morale.

ISBN : 978-1976541216

www.ingramcontent.com/pod-product-compliance
Lightning Source LLC
Chambersburg PA
CBHW050247230526
45470CB00005B/2146